小小夢想家
貼紙遊戲書
飛機師

新雅文化事業有限公司
www.sunya.com.hk

小小夢想家貼紙遊戲書
飛機師

編　　寫：新雅編輯室
封面插圖：麻生圭
內文插圖：陳焯嘉
責任編輯：劉慧燕
美術設計：李成宇
出　　版：新雅文化事業有限公司
香港英皇道 499 號北角工業大廈 18 樓
電話：(852) 2138 7998
傳真：(852) 2597 4003
網址：http://www.sunya.com.hk
電郵：marketing@sunya.com.hk
發　　行：香港聯合書刊物流有限公司
香港荃灣德士古道 220-248 號荃灣工業中心 16 樓
電話：(852) 2150 2100
傳真：(852) 2407 3062
電郵：info@suplogistics.com.hk
印　　刷：中華商務彩色印刷有限公司
香港新界大埔汀麗路 36 號
版　　次：二〇一五年一月初版
二〇二四年一月第七次印刷

ISBN: 978-962-08-6221-2

18/F, North Point Industrial Building, 499 King's Road, Hong Kong
Published in Hong Kong SAR, China
Printed in China

小小夢想家，你好！我是一位飛機師。你想知道飛機師的工作是怎樣的嗎？請你玩玩後面的小遊戲，便會知道了。

飛機師小檔案

工作地點：機場、飛機的駕駛艙

主要職責：駕駛飛機

性格特點：應變能力強、能承受壓力、自律

飛機師上班了

飛機師上班了，他當然要先到機場啦！請從貼紙頁中選出貼紙貼在下面適當位置。

AIRPORT

做得好！

飛機師的制服

原來從飛機師的制服上可以看出他們的職級呢！比較下面四位飛機師的制服，你知道怎樣看出他們的職級嗎？說說看。

我是機長 (Captain)。
我是高級副機長 (Senior First Officer)。
我是初級副機長 (Junior First Officer)。
我是二副機長 (Second Officer)。
飛機師制服外套的手袖和襯衫肩章上都繡着 1 至 4 道橫間，橫間數目越多，代表職級越高呢！

上機前的準備

做得好！

飛機師在上飛機前必須先了解天氣情況。小朋友，請把代表以下天氣的天氣標誌貼紙貼在適當的框內。

遇上颱風、打雷等惡劣天氣，飛機有機會延遲起飛。

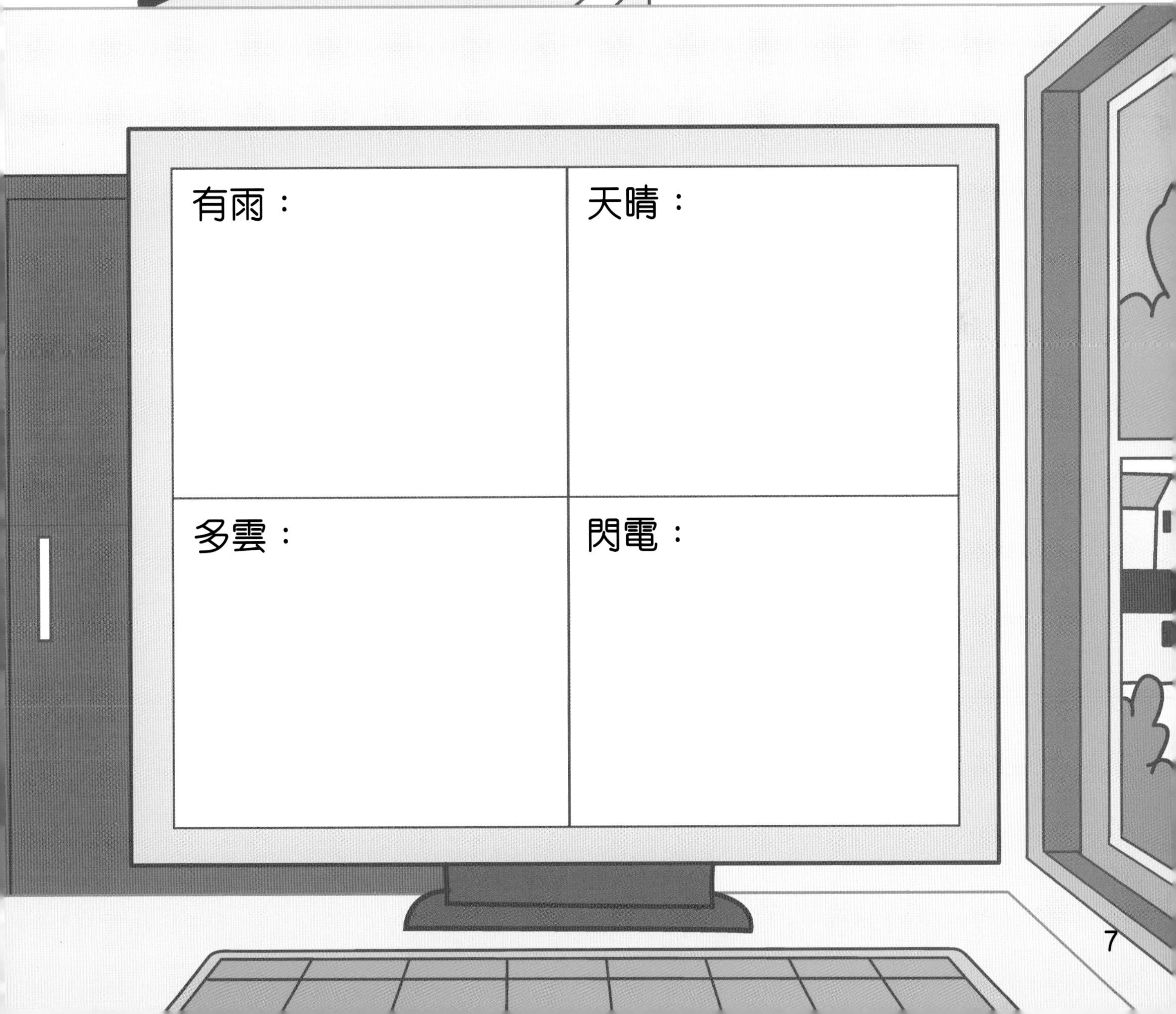
有雨：
天晴：
多雲：
閃電：

檢查飛機

上機前，飛機師還需要檢查即將駕駛的飛機，確保飛機適合飛行。看看下面的圖，你能說出飛機的不同部分嗎？請把代表答案的英文字母填在 ☐ 內。

A. 引擎　B. 乘客艙　C. 駕駛艙　D. 機翼　E. 尾翼

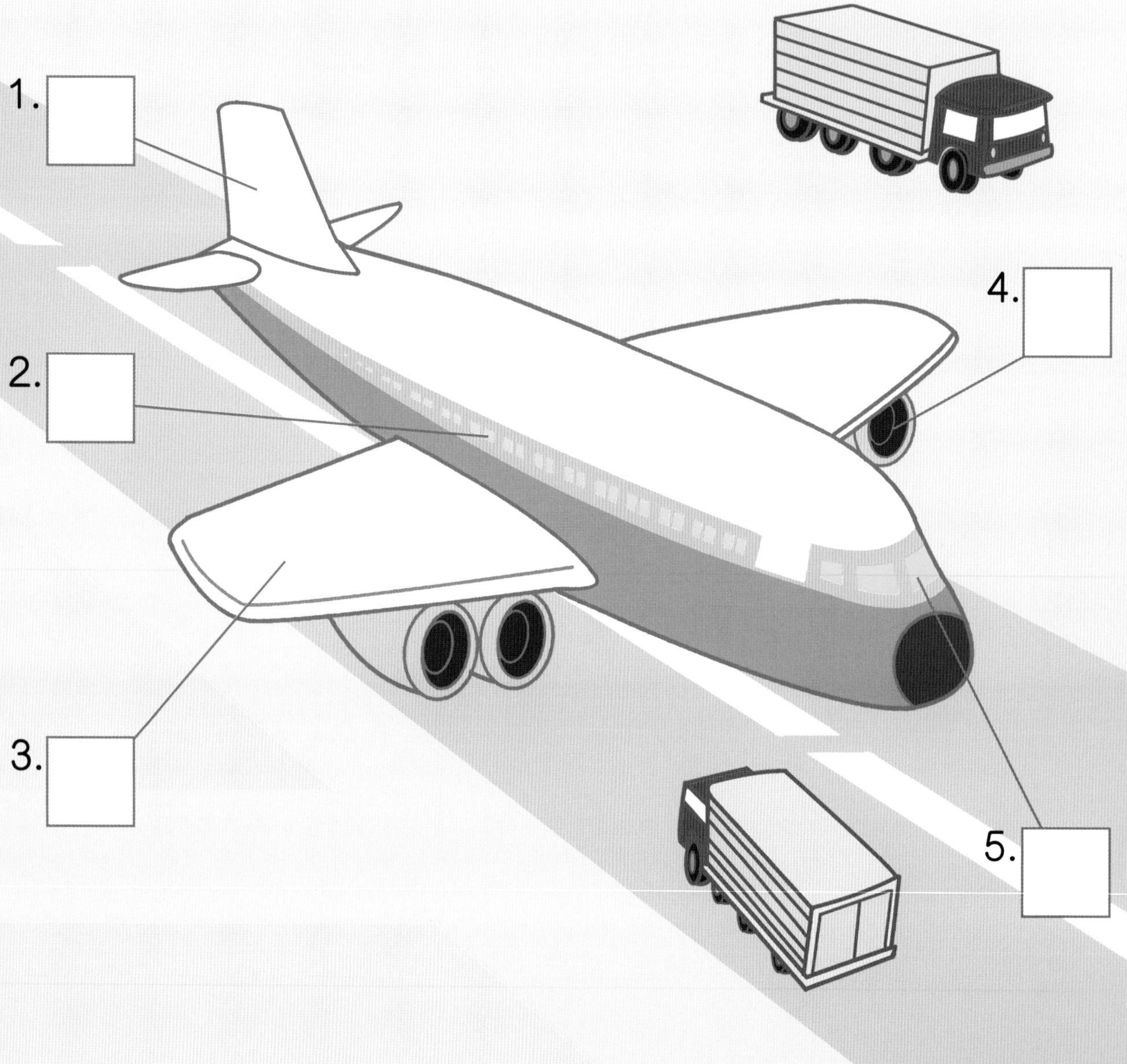

航空公司標誌

小朋友，世界上有超過一千間航空公司，它們各有自己的商標，請你根據航空公司名稱，把適當的商標貼紙貼在飛機的尾翼上吧！

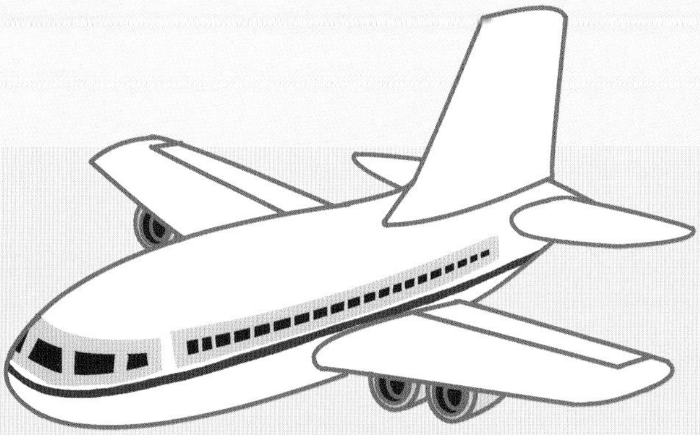

1. 中國國際航空

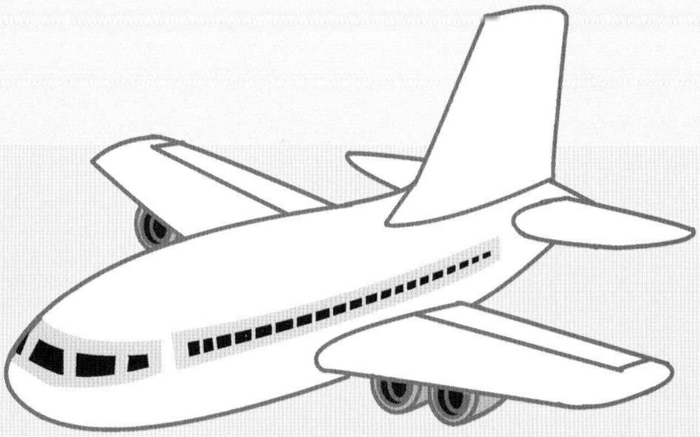

2. 德國漢莎航空

3. 大韓航空

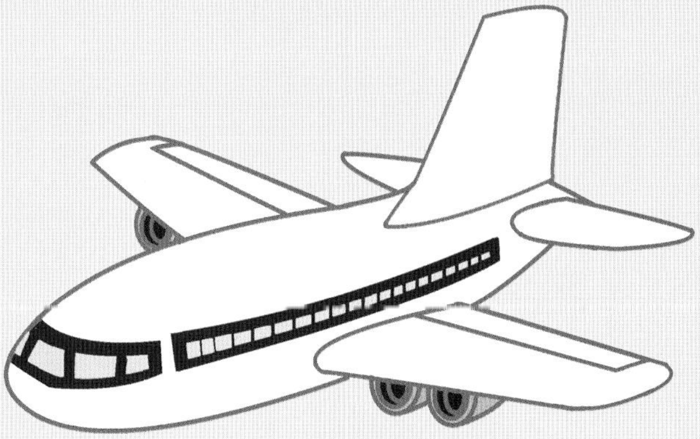

4. 國泰航空

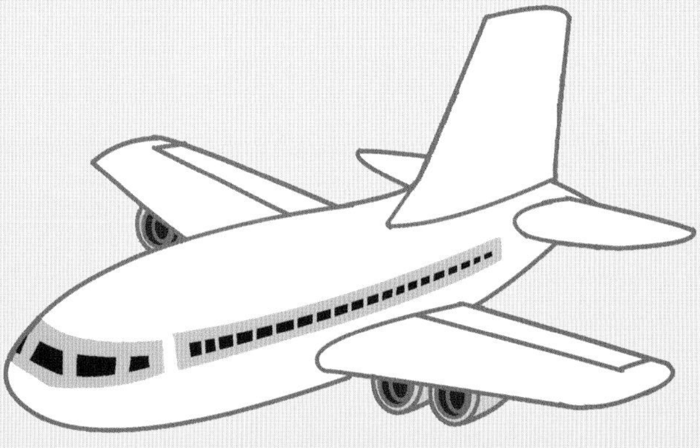

5. 新加坡航空

乘客登機了

做得好！

乘客要登機了！哪些物品是不准手提上客艙的？請你把它們的貼紙貼在紅色的框內；哪些是可以的？請貼在綠色的框內。

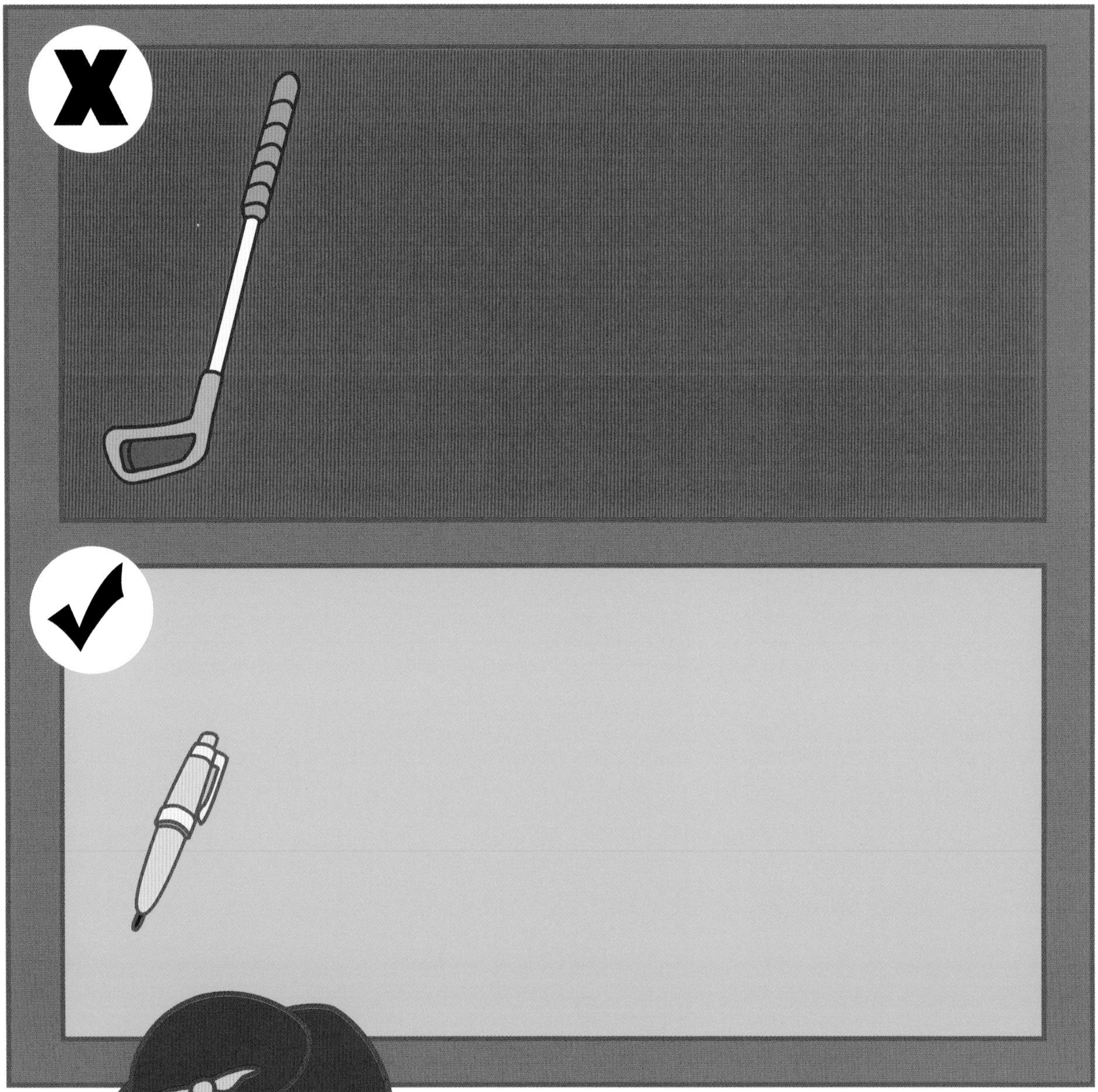

大家可以把這些不准手提上客艙的物品，放到行李箱內寄艙啊！

飛機起飛了

飛機起飛了！小朋友，你能協助飛機師駕駛飛機走出雲層迷宮嗎？請把路線畫出來吧！

乘客艙

小朋友，你知道飛機的乘客艙是怎樣的嗎？請從貼紙頁中選出貼紙貼在下面適當位置。

乘搭飛機注意事項

做得好！

小朋友，我們乘搭飛機時，有些事情需要注意。請看看下面的小提示，把相應的貼紙貼在虛線框內。

繫好安全帶。

行李不要放在安全通道。

聽從機上指示，只在許可的時間使用電子產品。

不要大聲吵鬧。

享用食物時要注意衛生。

如有需要，可按鈕呼
叫空中服務員。

分發飛機餐

空中服務員準備為各位乘客分發飛機餐。請從貼紙頁中選出食物和飲品貼紙貼在乘客餐桌上的適當位置。

乘客廣播

機長要負責在航班上向乘客發出廣播，報告飛行情況、目的地時間等。小朋友，請你看看下面的時鐘，在□內寫出正確的時間。

1.

□時□分

2.

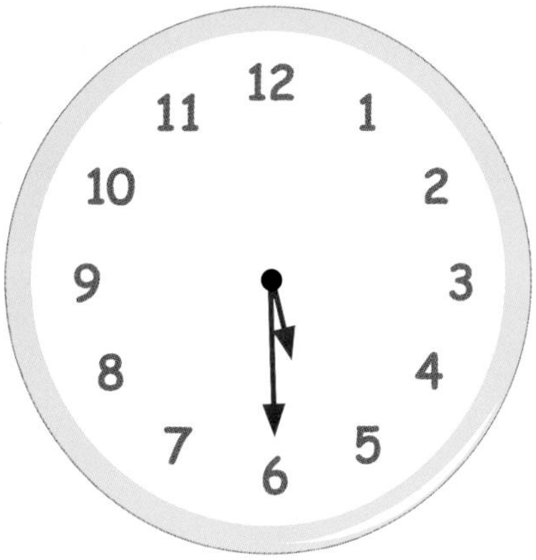

□時□分

3.

□時□分

4.

□時□分

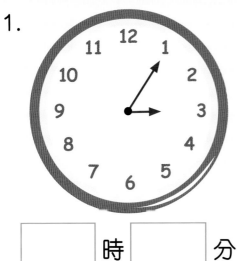

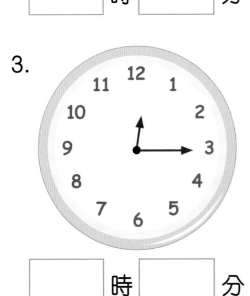

認識國旗

做得好！

飛機能帶我們到世界各地，不同國家都有自己的國旗，你認識它們嗎？請根據國家名稱在虛線框內貼上相應的國旗貼紙吧！

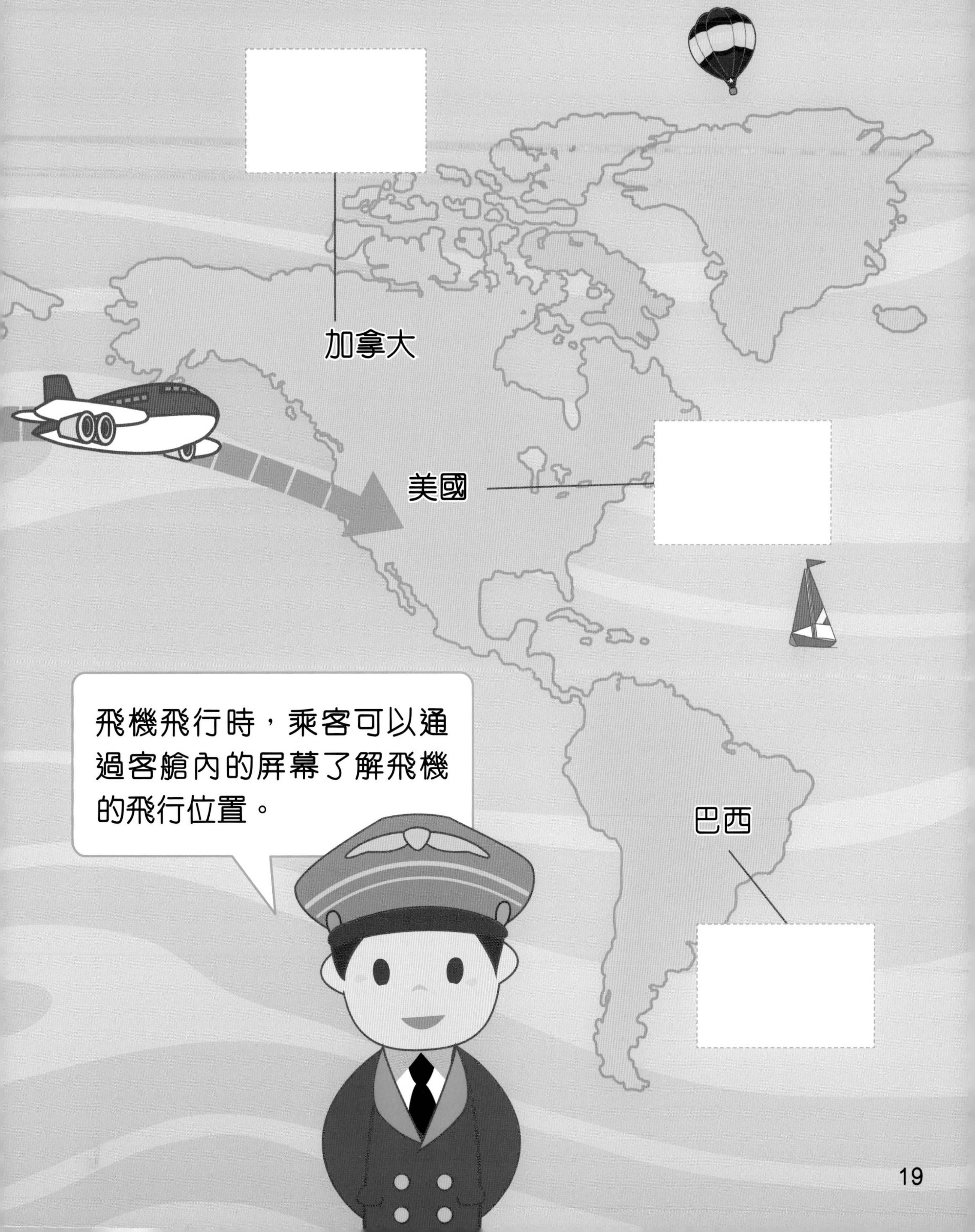
加拿大
美國
巴西
飛機飛行時，乘客可以通過客艙內的屏幕了解飛機的飛行位置。

不同的飛行工具

做得好！

小朋友，除了一般的民航飛機，世上還有很多其他的飛行工具呢！請從貼紙頁中選出不同飛行工具的貼紙貼在下面適當位置，並說說它們是什麼吧！

參考答案

P.7

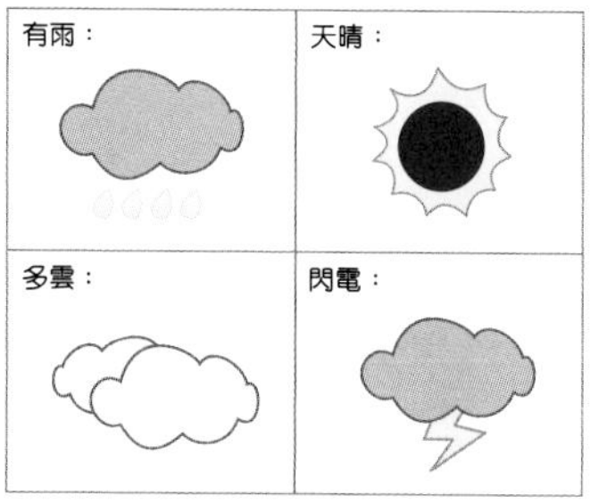

P.8 1.E 2.B 3.D 4.A 5.C

P.9

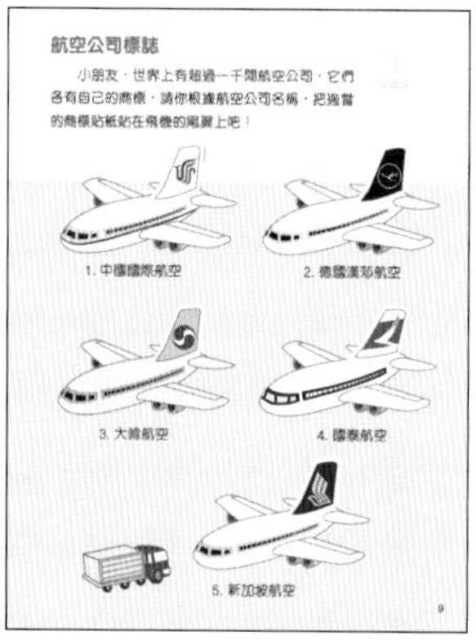

P.10

P.11

P.14 - P.15

P.17
1. 3 時 05 分
2. 5 時 30 分
3. 12 時 15 分
4. 7 時 45 分

P.18 - P.19

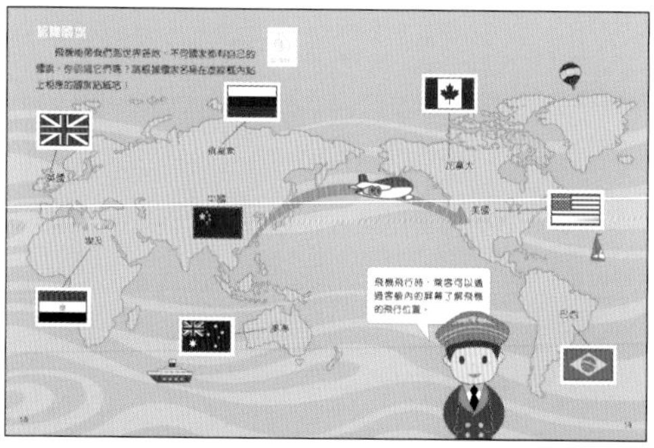

Certificate

恭喜你！

________________（姓名）完成了

小小夢想家貼紙遊戲書：

飛機師

如果你長大以後也想當飛機師，

就要繼續努力學習啊！

家長簽署：________________

頒發日期：________________